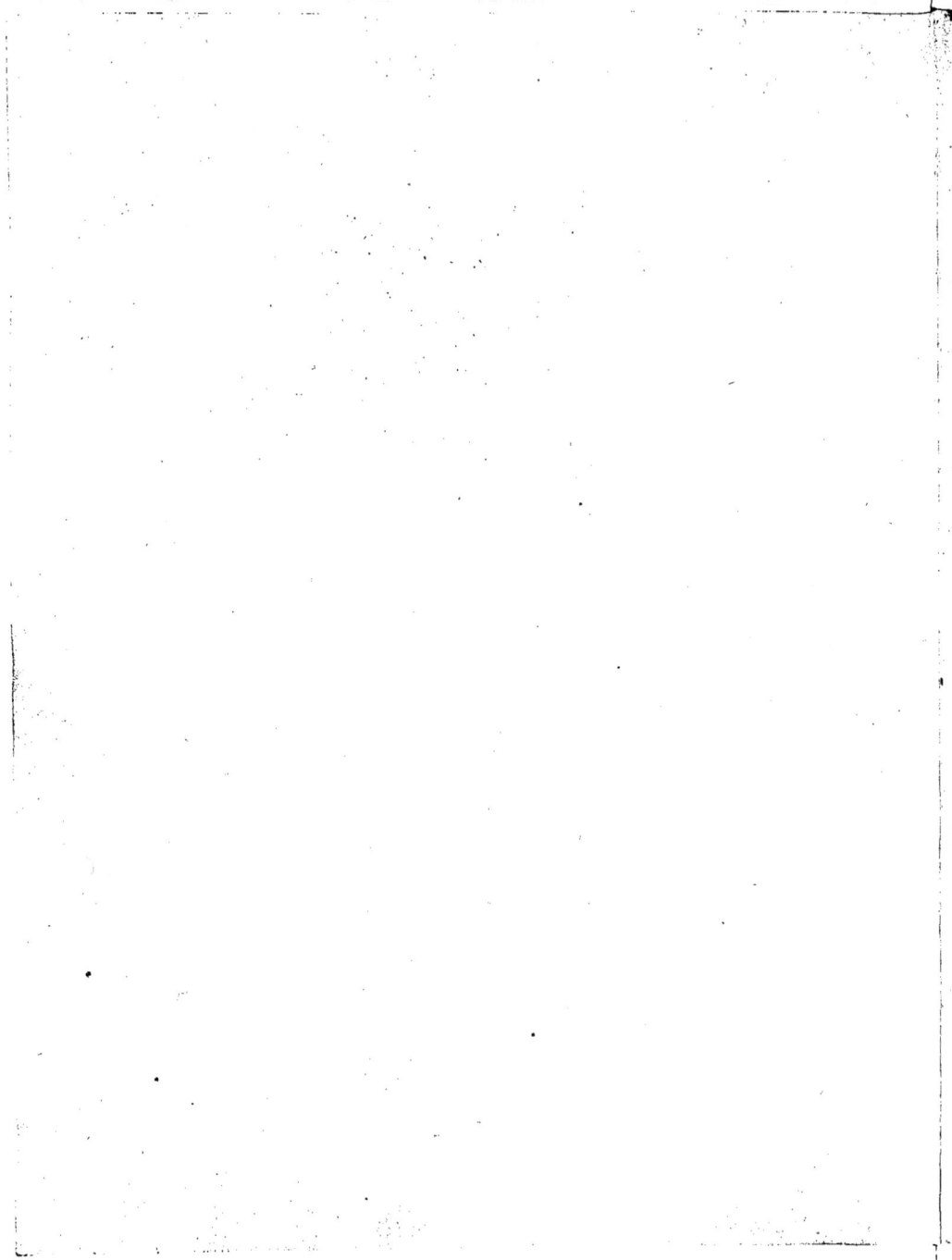

CANAL DE CREIL A BEAUVAIS

DESSÈCHEMENT DE LA VALLÉE DU THÉRAIN

MÉMOIRE

présenté au Conseil général du département de l'Oise, en rectification d'un Projet de Dessèchement et de Navigation.

MONSIEUR LE PRÉSIDENT,

MESSIEURS LES MEMBRES DU CONSEIL GÉNÉRAL DU DÉPARTEMENT DE L'OISE

Depuis deux ans déjà, nous avons eu l'honneur de saisir le Conseil général du département de l'Oise du projet qui fait l'objet de ce Mémoire. Les événements inattendus qui ont frappé notre malheureux pays, en retardant l'examen de l'entreprise sur laquelle nous appelons votre attention, en ont rendu l'exécution plus urgente encore : et c'est pour ne pas méconnaître cette nécessité nouvelle que nous avons renoncé à la partie à la fois la plus dispendieuse et la plus séduisante de notre œuvre, pour arriver immédiatement à l'achèvement d'un plan beaucoup plus modeste.

Nous répondrons ainsi aux besoins manifestes de l'agriculture, en calmant les craintes exprimées au nom de l'industrie. Le moment nous paraît venu, d'ailleurs, de renvoyer à un avenir, que nous ne pouvons encore prévoir, les grands travaux qui exigent un capital considérable, et de restreindre, dans les plus justes mesures, les ressources appliquées à chaque localité.

Vous pouvez suivre, Messieurs, sur ce nouveau Mémoire, notre préoccupation constante de mettre cette idée en pratique.

En effet, le 23 Août 1869 nous avons déposé un premier mémoire, dans lequel nous appelions votre bienveillante attention sur le projet d'un Canal de desséchement dans la vallée du Thérain, et le 26 du même mois, l'ingénieur chargé des études vous faisait connaître l'état d'avancement des travaux préparatoires.

Le Conseil général voulut bien, dans son procès-verbal, nous donner acte de la communication de nos Mémoires.

En 1870, un projet complet a été adressé à M. le Préfet de l'Oise. Sur ces entrefaites, la guerre et l'occupation prussienne sont survenues.

Ce projet comportait l'exécution d'un canal de navigation. Aussi la Commission chargée de l'examiner a-t-elle dû se préoccuper de la situation qui serait faite aux usines qui empruntent leur force motrice à la rivière du Thérain.

De là, elle conclut à la nécessité d'une enquête *de commodo et incommodo*, enquête que le nombre des usines rendra nécessairement longue et difficile.

Le Mémoire que nous présentons aujourd'hui nous paraît supprimer cette difficulté, sans cependant diminuer notablement les avantages apportés à la contrée que nous voulons doter d'une nouvelle source de richesses.

Emile ANDREOLI

Rue de Châteaudun, 4.

Paris, le 12 Novembre 1871.

CONSIDÉRATIONS GÉNÉRALES

L'enquête agricole de 1865, enquête provoquée par les besoins constants de la population des campagnes, établit que les deux cinquièmes au moins de notre sol sont improductifs.

Cette proportion se trouve encore augmentée par la perte des riches plaines d'Alsace et de Lorraine, où la surface cultivée est presque égale aux sept huitièmes.

Cette improductivité tient à deux causes principales.

D'un côté, dans certaines régions, le sous-sol étant imperméable, maintient dans le voisinage de la surface des quantités considérables d'eaux souterraines, et souvent à la surface même, des eaux stagnantes.

C'est un obstacle à la fécondité, un danger pour la salubrité.

Dans d'autres, au contraire, le sous-sol, trop perméable, laisse échapper l'eau avant qu'elle ait pu exercer son action fécondante.

A ces deux situations, il existe un remède simple et facile. Dans le premier cas, on fait écouler les eaux ; dans le second, on a recours à l'irrigation.

Sans rappeler l'exemple si connu des plaines de la Lombardie, nous pouvons citer en France des travaux partiels qui ont déjà produit d'heureux résultats.

La Motte-Beuvron, le canal des Albères, les marais d'Orx, ceux de Saint-Vincent, attestent que la science et l'art peuvent corriger la nature, et mettre l'abondance à la place de la stérilité.

Nous l'avons dit, ces tentatives ont été isolées. Un hardi novateur, un propriétaire courageux, des spéculateurs habiles, ont bien pu faire quelques améliorations, mais répétons-le encore, là n'est pas le véritable but.

Aux Conseils généraux appartient aujourd'hui la mission de donner leur appui à ceux qui, avec courage, sans se laisser rebuter par les difficultés, poursuivent sans relâche l'œuvre de la régénération agricole.

C'est dans cette croyance que nous venons nous adresser au Conseil général de l'Oise, le priant d'accorder un vote favorable à notre entreprise, et de se mettre à la tête de l'œuvre de conquête pacifique, que nous appellerons : *le desséchement de la vallée du Thérain.*

CONSIDÉRATIONS GÉOGRAPHIQUES ET GÉOLOGIQUES

La vallée du Thérain.

La vallée de Creil à Beauvais est parcourue par la petite rivière du Thérain, qui prend sa source dans le département de la Seine-Inférieure et se jette dans l'Oise, au-dessous de Creil et de Montataire, après avoir traversé Beauvais.

Situation de la vallée.

Nous ne nous occuperons que de la partie inférieure de cette vallée.

Au N.-O. de Beauvais, nous trouvons déjà les marais de Saint-Just-en-Chaussée ; de là jusqu'au confluent du Thérain avec l'Oise, nous ne voyons sur ses bords sinueux que des marais, des prairies infertiles, et des bois toujours inondés en hiver.

Les coteaux qui limitent la vallée lui donnent un aspect assez irrégulier, tantôt deux ou trois kilomètres les séparent, tantôt ils sont distants de sept à huit kilomètres.

On y trouve à peu près 6,000 hectares de terres ne produisant que des plantes aquatiques que l'on n'utilise pas, quelques oseraies et des peupliers d'un faible rapport.

Si on recherche la cause de cette infécondité, on la trouve dans la constitution géologique de la vallée.

Constitution géologique de la vallée.

Un soulèvement connu sous le nom de *soulèvement du pays de Bray* a fait surgir les terrains jurassiques au milieu des dépôts crétacés.

Ce soulèvement est bien sensible en Normandie, très-visible dans les environs de Beauvais, et fait sentir ses effets jusqu'à Noailles. La craie a été rompue suivant une ligne qui est devenue la direction générale de la vallée du Thérain.

Postérieurement au soulèvement, les terrains tertiaires se sont appuyés contre les parties redressées de la craie, en recouvrant les couches crayeuses qui avaient été moins affectées par la force soulevante.

Le calcaire grossier était à peine consolidé que de grands courants vinrent raviner la craie dans la partie haute de la vallée, et arracher les terrains tertiaires en s'approchant de l'Oise.

Ce sont ces grands courants qui ont dessiné, par une érosion plus visible en se rapprochant de l'Oise, les coteaux qui forment la vallée inférieure du Thérain.

Douze sondages faits entre Therdonne et Balagny nous ont révélé la composition du sol, et fait assister à sa formation géologique.

L'action ravinante des eaux a sans doute été arrêtée par l'argile plastique dans la partie basse de la vallée. Partout, à une profondeur variable, nous avons trouvé la couche imperméable.

Les grands courants avaient arraché la craie, désagrégé les silex ; ils les ont charriés dans la vallée, et les y ont déposés en couches plus ou moins épaisses.

A ces puissants courants, de plus faibles ont succédé, peut-être des lacs aux eaux stagnantes s'étaient-ils établis ? De nouveaux dépôts se sont effectués.

Les eaux étaient calmes, elles étaient douces, ainsi que le montrent les *limnées* et les *planorbes* que l'on trouve dans un sable fin.

La période de tranquillité une fois établie, des phénomènes nouveaux se produisirent.

La consistance du sol a permis à la végétation de se développer : l'ère des *sphaignes*, des *carex* a commencé, la *tourbe* a pris naissance.

Ce combustible à bas prix se trouve généralement dans toute la vallée ; on l'exploite à Bresles, il peut l'être fructueusement sur d'autres points.

Enfin l'*humus* est venu recouvrir le tout : la vallée était formée.

Eaux souterraines.

Nos sondages avaient aussi pour but de constater la présence de l'eau souterraine et sa distance de la surface,

Bien qu'ils aient été faits à la suite d'un été fort sec, nous n'avons jamais rencontré la couche aquifère à plus de 1m67 du sol ; fréquemment elle était plus rapprochée.

La présence de cette eau est facile à expliquer.

Les calcaires qui forment l'ossature des coteaux qui encaissent la vallée, bien que *perméables*, dans le sens géologique du mot, offrent aux eaux pluviales une surface assez résistante, sur laquelle elles glissent pour descendre dans les parties les plus basses. Retenues par la couche argileuse, et ne trouvant pas un écoulement suffisant, leur niveau s'élève, elles s'étalent, et envahissent toute la plaine.

Dessèchement de la vallée.

Pour dessécher la vallée, il suffit donc de donner à ces eaux un écoulement constant, pour éloigner leur niveau de la surface.

Des canaux collecteurs du drainage ayant un parcours de 45 kilomètres apporteront ces eaux dans la rivière, et leur donneront un nouveau débouché.

Dès lors l'humidité en excès ayant disparu, la végétation n'aura plus d'entraves.

Amélioration du sol.

Il est hors de doute que la culture peut être améliorée dans la vallée du Thérain.

Dans les environs de Beauvais où le sol ne diffère de celui du reste de la vallée que par suite des amendements qui y ont été faits, les fossés d'emprunt creusés pour la construction du chemin de fer ont joué le rôle de canaux collecteurs ; ils ont servi de récipients aux eaux de la plaine, et l'on a vu s'établir ces cultures maraîchères dont les produits sont chaque jour expédiés sur Paris.

Nous ne prétendons pas créer pour toute l'étendue des marais une source de richesse aussi productive, mais nous pouvons affirmer qu'ils subiront une transformation complète.

Considérez les résultats que le *fossé d'arrêt* a produits sur le territoire de Coincourt et sur celui de Mouy.

Personne ne saurait nier que de très mauvaises qu'elles étaient, les terres situées dans le voisinage ne soient devenues à peu près bonnes. Et cependant les travaux entrepris laissent beaucoup à désirer.

Nous avons parcouru dernièrement la contrée, et nous avons constaté que mettant à profit les idées que nous avions cherché à répandre, plusieurs personnes avaient entouré leurs propriétés d'un petit fossé, et que là seulement le fourrage avait poussé.

Qu'arrivera-t-il quand toutes les eaux pourront s'écouler ?

Irrigation.

Il y a autant d'inconvénients à avoir un terrain trop sec, qu'il y en a à lui laisser trop d'humidité. L'irrigation est le complément du dessèchement.

Les canaux collecteurs du drainage peuvent à un moment donné, à l'aide d'une simple vanne, se transformer en réservoirs, et rendre à la terre l'humidité nécessaire à la végétation.

Culture de la betterave.

Peu de localités renferment autant d'usines que la vallée du Thérain, et nous avons remarqué avec étonnement que, tandis que les sucreries abondent à quelques lieues de là, il n'y en a aucune entre Creil et Beauvais.

Cela tient à ce que la betterave n'y est pas cultivée, et que le prix élevé des transports s'oppose au développement de l'industrie sucrière dans cette partie du département de l'Oise.

Nous avons consulté des agronomes dont la parole fait loi, et nous avons acquis la certitude que convenablement préparé, sans grands frais, le sol de la vallée sera essentiellement propre à la culture de cette plante.

Résultats agricoles.

Le bétail est rare dans toutes ces plaines ; le fourrage manque. Point de riches fermes, point de grandes cultures.

Transformés, ces marais deviendront de riches pâturages, et au lieu du lent revenu de quelques arbres, on aura celui du troupeau, chaque jour réalisable. La ferme s'adossera à l'usine, l'activité remplacera la solitude, l'agriculture et l'industrie se donneront la main.

Modifications apportées au projet primitif.

Nous avions songé à ouvrir une nouvelle voie au commerce en rendant ce canal navigable. Nous pensions que créer de nouveaux débouchés à l'industrie, établir une concurrence aux chemins de fer par des transports économiques, c'était faire un pas dans le progrès.

Nous avons dit les raisons qui nous ont amené à simplifier notre projet.

Nous aurions voulu modifier nos études dans ce sens, et vous soumettre un projet complet, mais nous ne pouvions l'étudier pendant *l'occupation étrangère.*

Nous ferons le dessèchement par tronçons de canaux, venant se déverser dans le Thérain, de préférence à l'amont des principales usines.

N'étant plus astreints à appliquer les principes qui réglementent la construction d'un canal de navigation, nous avons pu aller chercher partout l'eau des marais.

Les traits rouges, tracés sur le petit plan joint à notre mémoire, représentent les grands collecteurs.

La section est réduite, conformément au type de profils en travers que nous vous soumettons. Les ponts établis, comme nous le proposons, seront moins dispendieux et d'une exécution plus prompte.

Nous établissons un chemin de halage, sur la rive droite, pour le service des propriétés, et pour faciliter par eau la rentrée des récoltes. Sur la rive gauche, un chemin de service suffira.

Une zône, dont nous estimons la largeur moyenne à 2 mètres, nous permettra d'établir des gares d'évitement, et de faire nos dépôts de déblais.

Le devis est donc modifié, de manière à n'exiger, comme nous le disons au début, qu'un capital relativement peu considérable.

Dépenses totales

Les dépenses totales s'élèveront à 3 millions de francs.

Nécessité d'une subvention

Dans une entreprise de ce genre, le concours de l'Etat, celui du département sont nécessaires; leur appui moral est indispensable.

Nous vous demandons une subvention de 600,000 francs, payable par annuités. Nous demanderons autant à l'Etat.

Est-ce une nouvelle charge que nous vous proposons d'imposer au département?

Nous avons estimé que l'hectare de terrain transformé allait acquérir un accroissement de revenu annuel de 75 francs. L'Etat et le département percevront en impôt direct ou indirect, en centimes additionnels, au moins le 1/5 de cette augmentation, soit 15 francs par hectare, ou 90,000 francs par an sur les 6,000 hectares. De sorte qu'en moins de trente-quatre ans, le département et l'Etat retrouveront en revenus leur avance de 2,100,000 francs, sans préjudice de l'accroissement d'impôts de toute nature qu'entraîne toujours l'amélioration de la fortune foncière.

Cette subvention ne sera donc pas un sacrifice, mais un placement qui profitera à la richesse et à la salubrité du pays.

Situation faite aux propriétaires

Quelles sont les charges qui incombent aux propriétaires?

La loi du 16 septembre 1807 répartit par moitié, entre les propriétaires de terrain et les concessionnaires, les bénéfices provenant d'un dessèchement.

L'intérêt personnel du possesseur de marais n'est-il pas évident?

Un syndicat estime les propriétés avant travail, une seconde expertise établit la plus-value acquise.

Défalcation faite de l'impôt, le propriétaire doit payer 30 fr. par an et par hectare.

Une annuité de 37 fr. 50 c. réduit à trente ans le terme à la fin duquel le propriétaire jouira, sans partage, d'une augmentation de 60 fr. de revenu.

Pour une somme annuelle, relativement minime. on augmentera d'une manière considérable le rapport de sa propriété.

Il nous paraît inutile d'insister.

RÉSUMÉ

La vallée du Thérain n'a aucune culture.

Quelques parties sont boisées, mais ces arbres de médiocre essence sont d'un faible et lent rapport.

6,000 hectares sont laissés en marécages, ils ne produisent que des joncs ou des herbes de mauvaise qualité. Ils sont impraticables en hiver.

Par suite du dessèchement, la valeur moyenne de l'hectare, aujourd'hui de 800 à 1,000 fr. au maximum, sera de 3,000 fr.

Une redevance de 30 fr. par an, ou une annuité de 37 fr. 50 c. pendant trente ans, permettra au propriétaire de s'acquitter de sa dette.

Telle est en substance, Messieurs, l'entreprise que nous avons l'honneur de soumettre à votre haute approbation.

C'est à vous, Messieurs les membres du Conseil général de l'Oise, qu'il appartient de donner l'élan.

La mission est noble et grande, nous sommes persuadés que vous l'accepterez, et que vous serez heureux et fiers d'avoir patronné le dessèchement de la vallée du Thérain.

DEVIS

Nous l'établissons en adoptant une largeur de 3 mètres au plafond, et une profondeur de 2 mètres 50.

Les talus seront à 2 de base pour 1 de hauteur, ce qui donne 13 mètres d'ouverture à la surface, et une largeur moyenne de 8 mètres à la section.

Un franc-bord de 5 mètres de largeur sur la rive droite servira à l'établissement d'un chemin de halage et des dépôts de déblais.

Sur la rive gauche, une largeur de 2 mètres suffira pour le chemin de service, et l'accès des propriétés.

Nous avons une fouille de 45 kilomètres de longueur.

DÉPENSES

1° *Acquisitions de Terrains :*

Longueur 45 kilom., largeur 20 m., surface 90 hectares....
90 hectares à 1,000 fr. l'un .... 90.000 fr.

2° *Terrassements :*

Section du canal, $8 \times 2.5 = 20$ m. q.
Volume des déblais, $20 \times 45.000 = 900.000$ m. c.
900,000 m. c., au prix moyen de 2 fr., pour fouilles, retournement, mises en dépôts, etc. 1.800.000

3° *Chaussée du chemin de halage ;*

Largeur 3 m., épaisseur 0 m. 25, soit 0 m. 75.
Sur 45,000 mètres...................... 33.750 m. c.
33,750 m. c. à 4 fr. le mètre...................... 135.000

4° *Ouvrages d'art :*

34 ponts, à 6,000 fr. l'un 204.000
11 maisons de cantonniers avec jardin, à 6,000 fr. l'une.... 66.000
5° Somme à valoir pour frais imprévus................... 305.000

Total................,.......... 2.600.000

DEVIS GÉNÉRAL ESTIMATIF

Frais avant la concession.............................. 40.000
Dépenses de construction............................. 2.600.000
Frais d'administration, de surveillance, etc.............. 50.000
Frais généraux........ .... 50.000
Intérêts des capitaux (2 ans)......................... 260.000

                        Total................:..... 3.000.000
        A déduire :

Subvention du département................. 600.000 fr.
—   de l'Etat...................... 600.000 = 1.200.000

              Capital nécessaire.................. 1.800.000 fr.

PRODUITS

Plus-value des terrains à raison de 2.000 fr. l'hectare, ou
60 fr. annuels, dont moitié aux propriétaires et moitié à
l'entreprise, soit pour celle-ci par une annuité de 37.50
par hectare pendant trente ans sur 6,000 hectares, ré-
duits à 5,000 pour non-valeurs....................... 187.500
           Répartis ainsi :

Pour les intérêts à 5 0/0...................... 90.000 fr.
Dividende......................,................. 37.500
Amortissement ....:.. ' 60.000
                      187.500

De sorte qu'en outre de l'intérêt à 5 0/0, une somme de 37,500 fr. sera dis-
tribuée par an, à titre de dividende, soit 2.08 0/0, soit un intérêt de 7.08 pour
le capital et un amortissement en trente ans.

Il est à remarquer que le dividende sera croissant par suite des rembourse-
ments.

Pour les propriétaires, un accroissement de revenu de 135,000 fr. pendant
les trente premières années, et de 360,000 fr. au bout de ce temps.

Pour l'État et le département, un accroissement proportionnel dans le
revenu de l'impôt foncier et des contributions accessoires.

Paris.— Imprimerie Schiller, 10, Faubourg Montmartre

PLAN GÉNÉRAL
DE LA VALLÉE DU THÉRAIN

Échelle à 80.000

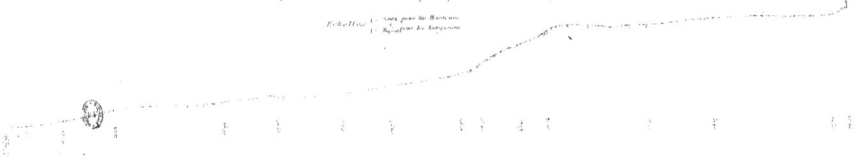

Projet de dessèchement entre Creil et Beauvais

BEAUVAIS

Creil

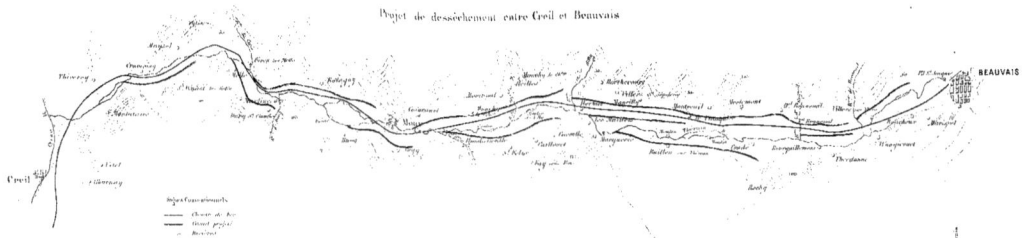

Coupe du terrain suivant l'axe principal de la Vallée

Échelle

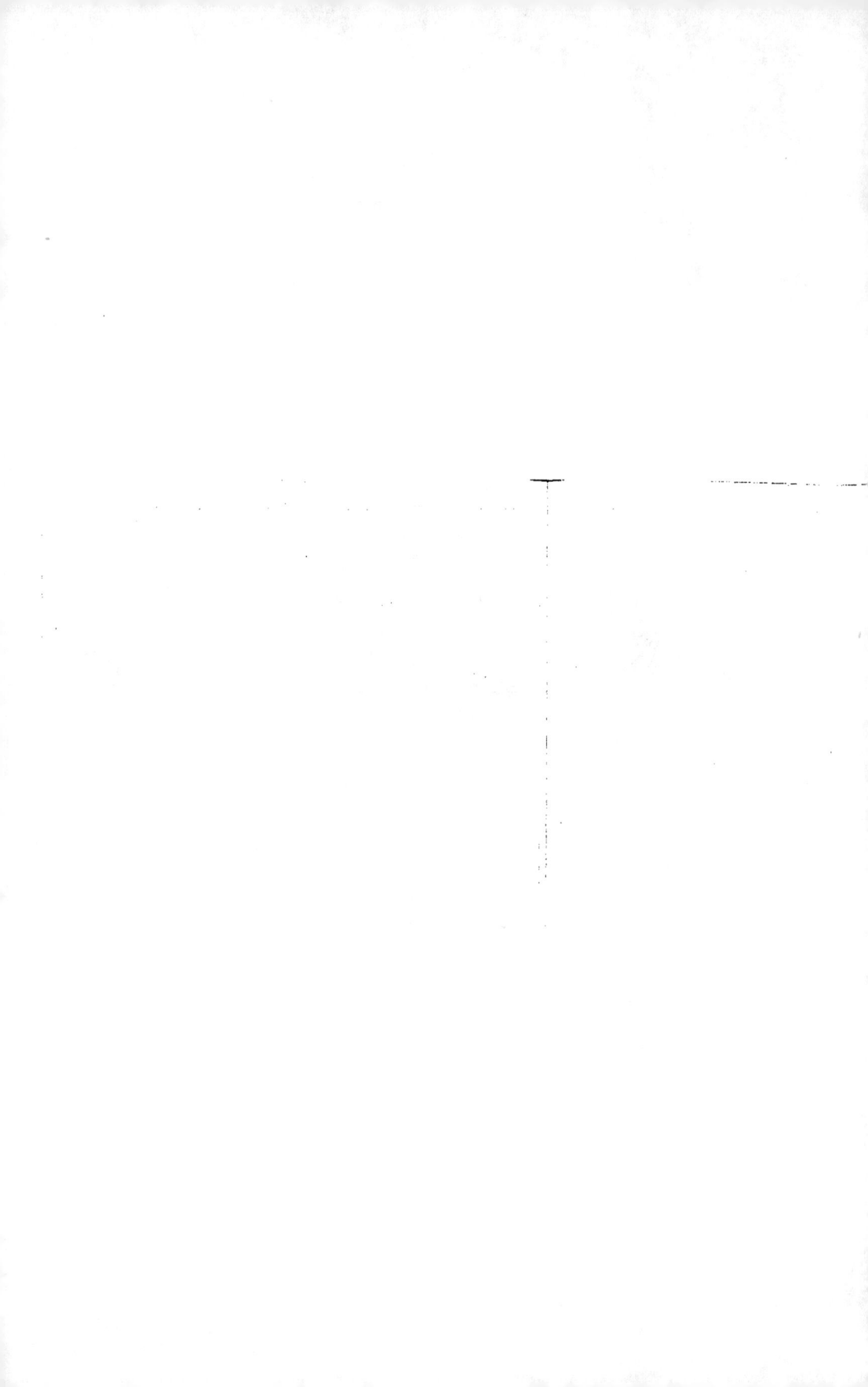

TYPE DE PONT

(Les autres types sont au dossier)

Fig 2

Coupe en arrière de la tête (Fig1)

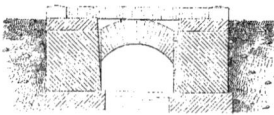

Fig 1

Tête du Pont

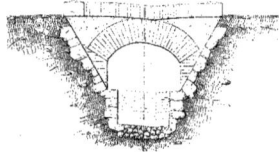

Fig 3

Coupe suivant l'axe de la Route

Imp. Michel, 12 rue Bréda.

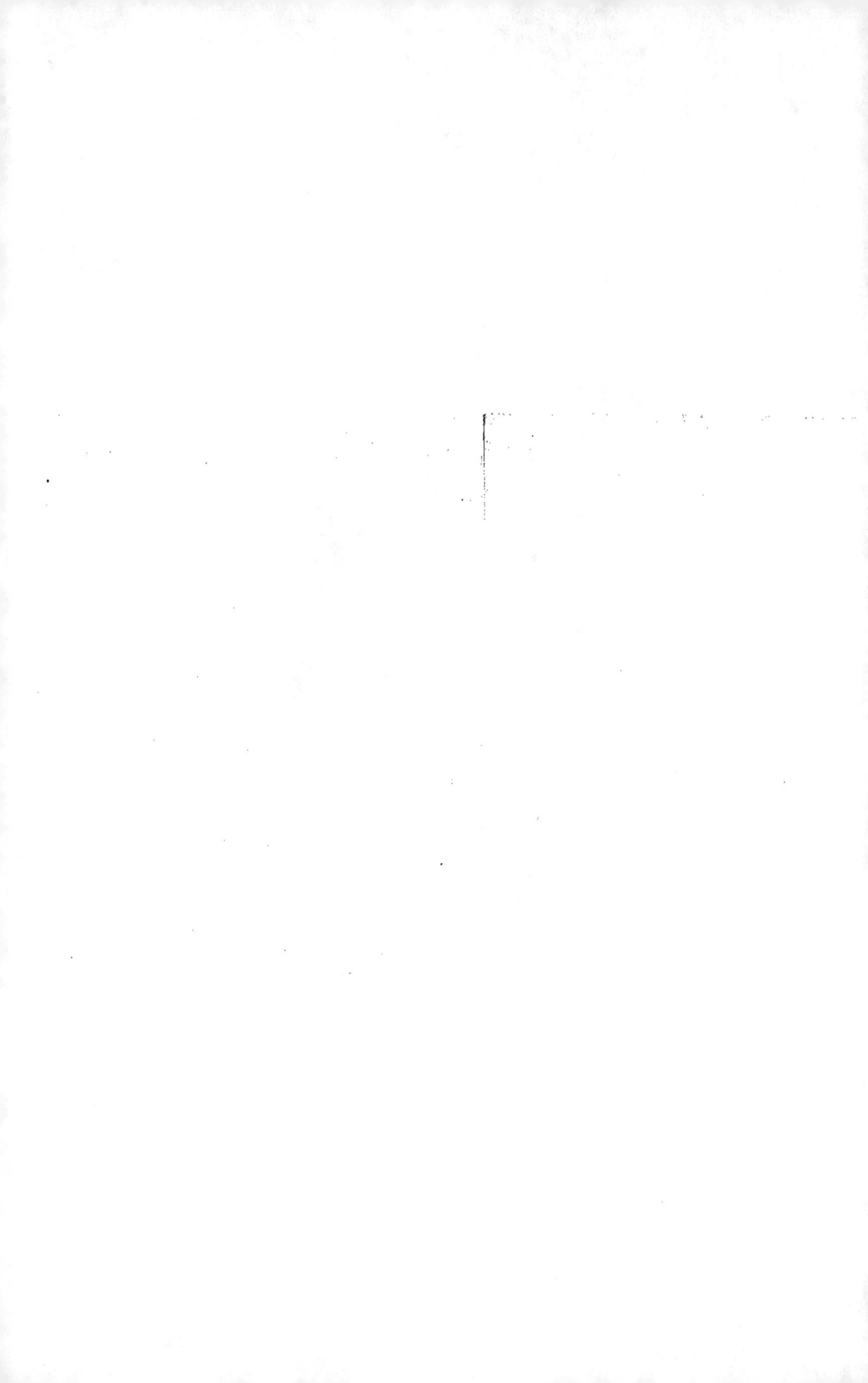

Projet de dessèchement entre Creil et Beauvais
TYPES DE PROFILS EN TRAVERS.

N° 1

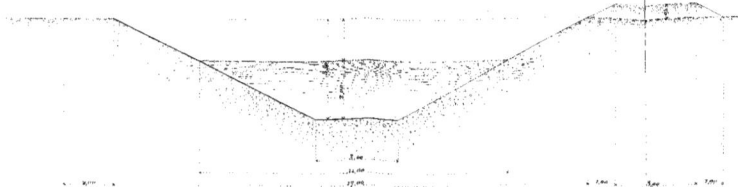

N° 2

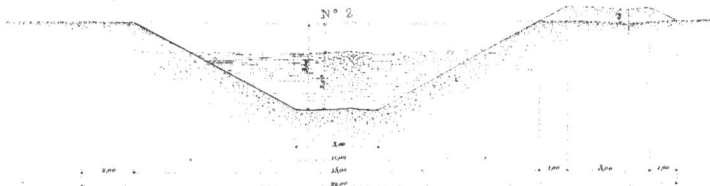

N° 3

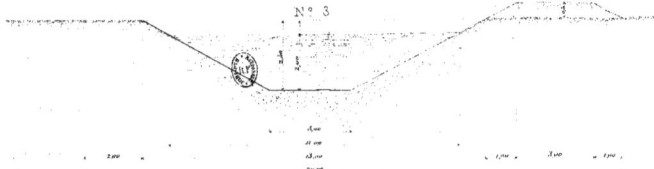

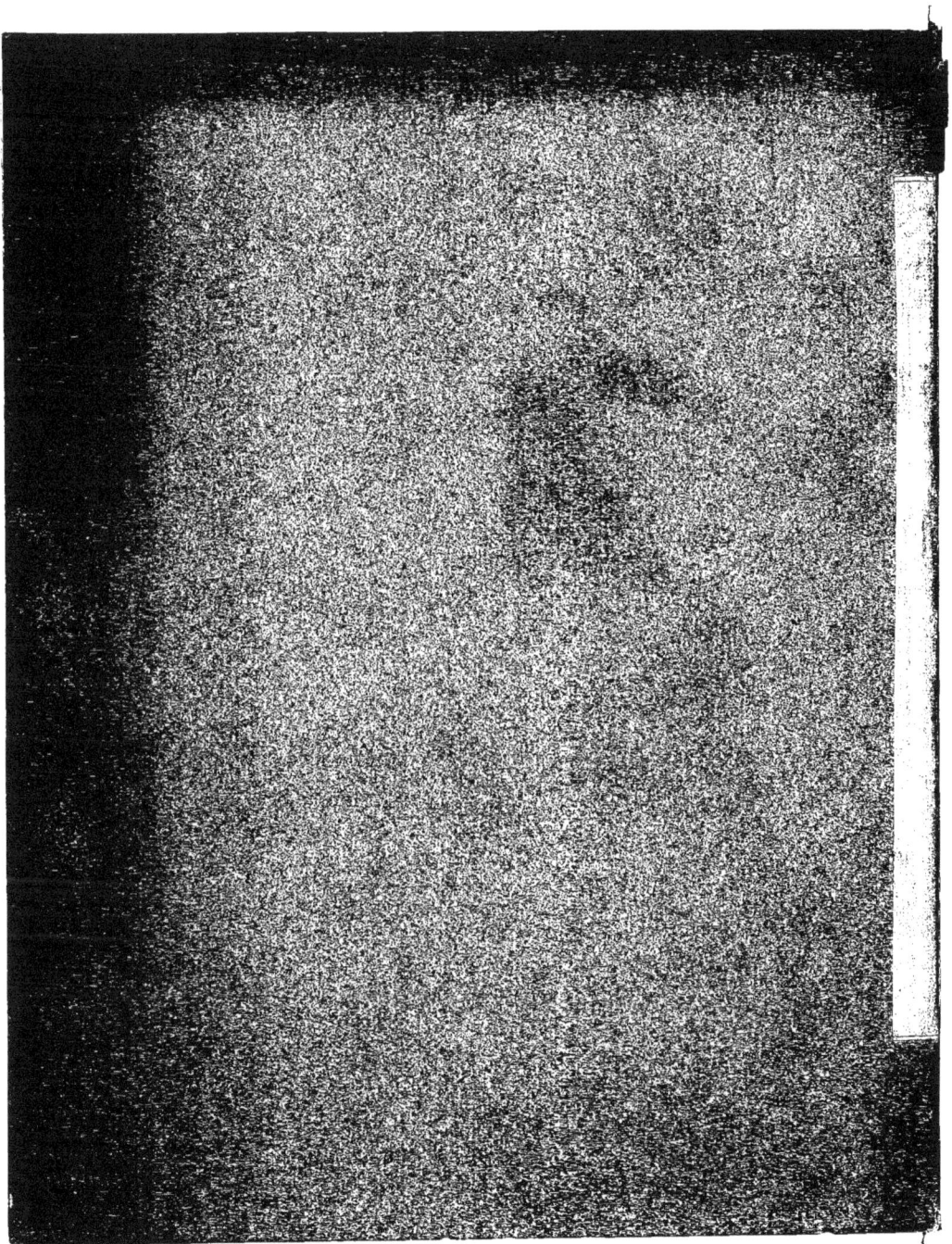

www.ingramcontent.com/pod-product-compliance
Lightning Source LLC
Chambersburg PA
CBHW060539200326

41520CB00017B/5299